图解 昆虫的世界

金南吉◎文　崔达秀◎图　金炫辰◎译

漓江出版社
桂林

图解昆虫的世界

著作权合同登记号桂图登字:20-2013-079 号

图书在版编目(CIP)数据

图解昆虫的世界/(韩)金南吉 撰;(韩)崔达秀 绘;金炫辰 译. —桂林:漓江出版社, 2013.8(2019.2 重印)
(我的第一堂科学知识课系列)
ISBN 978-7-5407-6601-6

Ⅰ. ①图… Ⅱ. ①金… ②崔… ③金… Ⅲ. ①科学知识-初等教育-教学参考资料 Ⅳ. ①G623.6

中国版本图书馆 CIP 数据核字(2013)第 146637 号

策　　划:刘　鑫
责任编辑:刘　鑫
美术编辑:居　居

出版人:刘迪才
漓江出版社有限公司出版发行
广西桂林市南环路 22 号　邮政编码:541002
网址:http://www.lijiangbook.com
全国新华书店经销

晟德（天津）印刷有限公司印刷
开本:787mm×1 092mm　1/16
印张:8.25　字数:50 千字
2013 年 8 月第 1 版　2019 年 2 月第 4 次印刷
定价:35.00 元

前言

地球上有数不清的生物，其中四处活动的昆虫虽然属于小型生物，但数量却非常惊人，有95万多种，而每一种的数量就多得数不完。

昆虫自古以来就非常善于适应多变的环境，无论栖息在陆上、地底、水中、天上还是森林等处，一直不断地进化。目前在我们周边常见的昆虫，大部分都在2亿年前左右便已进化结束。

昆虫世界里有很多神秘又有趣的事，它们具有人类无法知道的感觉和天生的本能，我们目前所知的昆虫生态只是其中一部分而已。昆虫的活动总是很神秘，经常制造难解的谜题让我们探究思索。泥壶蜂为什么用泥土筑巢？粪金龟（屎壳郎）为什么以牛粪为主食？昆虫所表现出的各种行为，还有很多是科学家们找不到原因的，而这就是开放给我们的机会。如果你对昆虫有兴趣，不妨沉醉于昆虫世界，就像法布尔（Jean-Henri Fabre）一样，也是一件有意义的事啊！

有些昆虫对人类有害，有

些则有益于人类。但不管怎样，最重要的就是如果昆虫消失了，人类也无法生存。如果我们把所谓的有害昆虫都消灭的话，自然生态体系便会失衡，导致食物链被破坏，人类的粮食资源耗尽。所以说昆虫对于人类的生存，具有不可或缺的重要意义。

本书除了讲述昆虫的进化历史以外，也介绍一般的昆虫世界，尤其探讨了人类和昆虫之间的关系，希望本书能够帮助读者更进一步了解昆虫。

金南吉

目录

昆虫的诞生

昆虫从遥远的古代就出现在地球上，大约 4 亿年前，陆地上诞生了单尾目的昆虫，没有翅膀，长得像现在的潮虫（又称鼠妇）、跳虫或蠹鱼一样，身体有很多节。

单尾目从 3 亿 5000 万年前开始慢慢进化（蓝色字体书后有名词解说）。刚开始进化成长翅膀的蜻蜓、蜉蝣、蟑螂等，后来再进化成甲虫、蜂、蝴蝶等。目前栖息在地球上的昆虫的形状，和 2 亿年前的形状几乎相同，因为它们比其他生物提早完成了进化。

尤其蟑螂的原始祖先的外貌，和现在的蟑螂没有多大改变。也就是说它们一直完整地保持着外貌和固有的基因，传宗接代活到今日，因此蟑螂被称为“活化石”，它们的基因年龄少说也有 3 亿 5000 万岁。

化石是指埋在堆积层的生物痕迹，一般都保存着原本的形状，因此在研究古代生物与现代生物之间的关系时，化石是很珍贵的材料。透过化石呈现的真相，科学家就可以揭晓谜底。

昆虫化石大多是在琥珀中被发现。琥珀是松树的松脂凝固而成的，琥珀内部保存着昆虫古时的模样，所以琥珀化石的价值比一般化石高很多，透过琥珀化石，科学家揭开了蜜蜂是蚂蚁祖先的秘密。

古代火山活动频繁，气温较高，松脂滴流的情形旺盛，松树枝干上或树下的昆虫常被松脂黏住，最后被持续滴落的松脂整个包住。后来地层变动，松树林沉入水底，被泥土沉积物掩埋挤压，松脂慢慢变成琥珀。

大部分的琥珀在湖泊或河川中被发现。琥珀虽然像石头一样坚固，但因为很轻，所以会浮在水面上。

水边的堆积层坍塌时，埋在地底的琥珀随即露了出来。

1880 年，在法国海岸第一次发现巨大的昆虫化石，长相类似蜻蜓，翅膀长度达 65 厘米，学者们将该昆虫命名为“巨脉蜻蜓”，但是经过长久的研究后才发现，巨脉蜻蜓并不是蜻蜓的祖先，因为它的身体器官构造与现在的蜻蜓不同。现在的小型蜻蜓是巨脉蜻蜓灭种后诞生的新种。

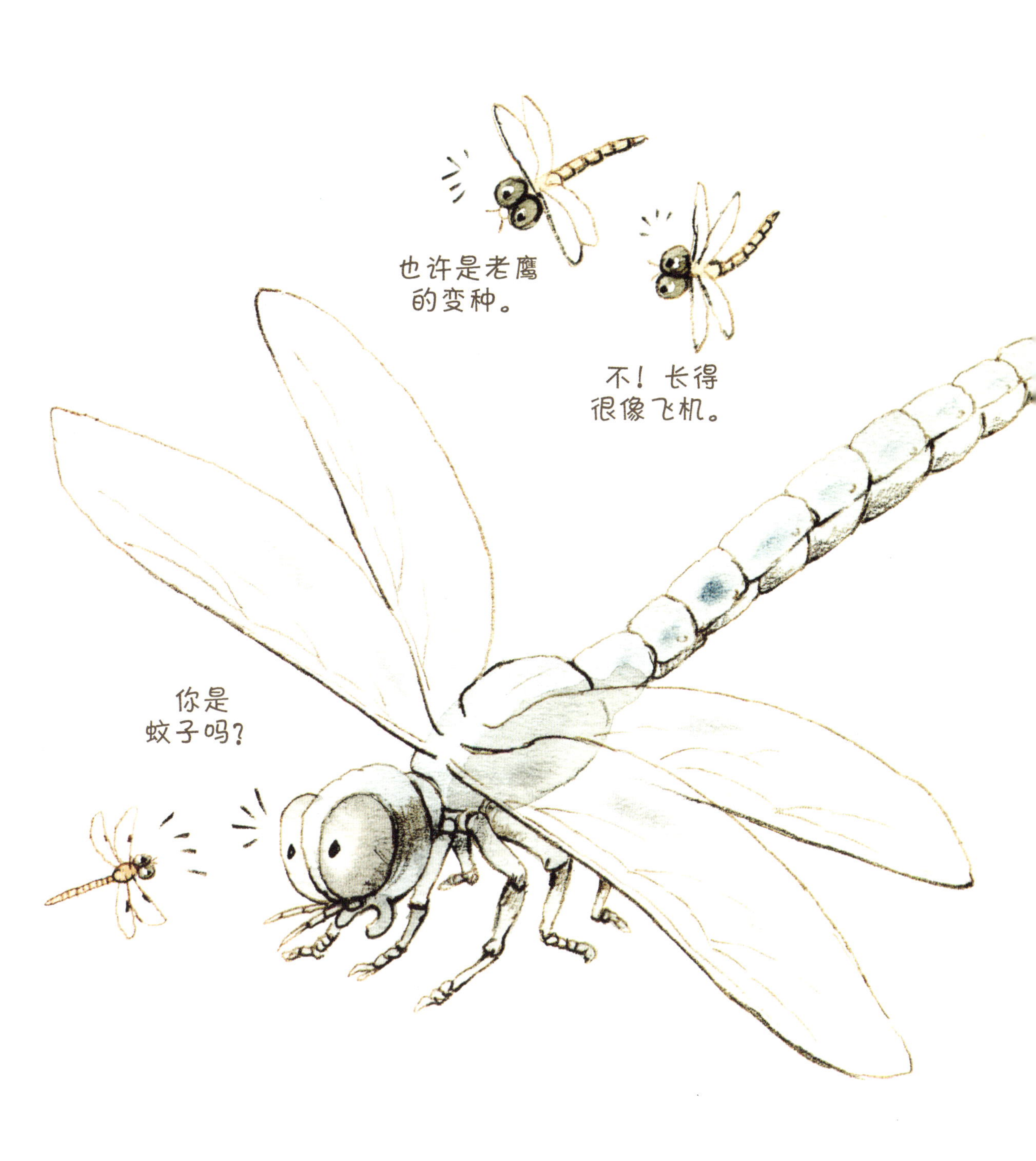
也许是老鹰
的变种。
不！长得
很像飞机。
你是
蚊子吗？

昆虫的特征

昆虫在动物分类上属于节肢动物。“节肢动物”的身体和附肢如足部、触角、口器等都分节，各体节及关节均可活动，例如蜘蛛、龙虾、蜈蚣、螃蟹、蝎子等。其中蜈蚣属于多足类，龙虾和螃蟹等有硬壳的动物则属于甲壳类。

昆虫没有骨骼，但具有外壳，外壳是由很坚硬的“几丁质”构成。几丁质具有如人类骨骼一样支撑身体的功能，因此被称为“外骨骼”。坚硬的外壳平常就像铠甲一样保护昆虫的身体，下雨时，则成为能挡雨的防水雨衣，可说是穿了一件万能外套。

昆虫的躯体结构明显地分成头部、胸部、腹部三部分。头部长有一双复眼和触角，另外还有三个单眼；胸腹部则长有翅膀和三双腿，这种身体构造是昆虫才有的特征。

大部分的昆虫有两双翅膀。蜻蜓和蛾类停下来休息时会张开翅膀，而蝴蝶和蜂类则在合上翅膀后休息。金龟子或锹形虫等甲虫类具有坚硬的外翅，内翅则非常柔软。甲虫类将外翅当成保护身体的外壳，而用内翅来飞行。

苍蝇和虻只有一双翅膀，这代表它们完成了更进一步的进化，因为翅膀变少却还有能力飞行。

苍蝇和虻的中胸和后胸背侧本来各有一对翅膀，分别称为前翅和后翅。后来因为身体变轻，后翅也随着退化，在前翅后方还残留着退化的痕迹，这种退化变小的翅膀称为“棍状翅”或“平衡棒”，在苍蝇和虻类飞行时扮演着保持平衡的角色，类似飞机的水平尾翼。

有些昆虫的翅膀则完全退化，如工蚁，出生后便一直没有长出翅膀。因为长久以来都在窄小的洞中活动，不需要翅膀。

竹节虫具有分成很多节的长型身体，在西方被称为“棍子虫”。中国已发现300余种竹节虫，其中有些如小异竹节虫、棉秆竹节虫等长有翅膀。其他种的翅膀则已退化。

有些昆虫一生出来就没有翅膀，例如跳蚤、虱子等原始昆虫。这些昆虫喜欢寄生在其他动物或人类的身体上，不需要飞行，因此从一开始就没有翅膀。原本属于有翅类的跳蚤和虱子因翅膀完全退化，它们的外形很接近昆虫的始祖——无翅类的缨尾目（如蠹鱼）、双尾目、原尾目、弹尾目和已经灭绝的单尾目。

昆虫的种类

地球上已命名分类的动物有 130 万多种，其中昆虫数量最多，约 95 万种，占四分之三，不过有很多种昆虫到现在还没有被发现，所以地球可算是昆虫的王国。

我们生活周遭常见的昆虫可依据外形及身体构造，分成下列几类：

鞘翅目

包括金龟子、甲虫、锹形虫、龙虱等，都有坚硬的外壳。全世界约有 35 万种，中国已发现的有 1 万多种。

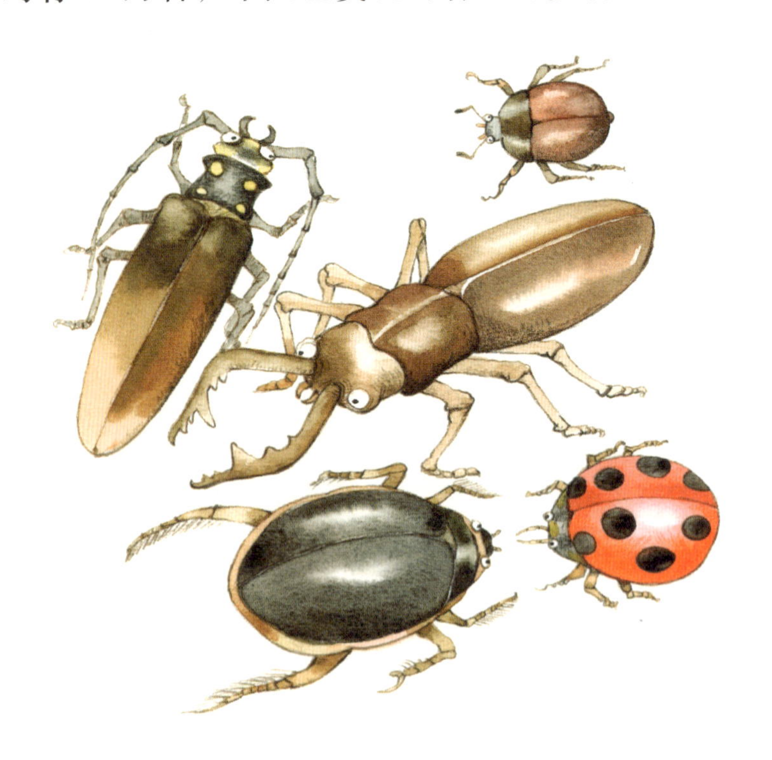

鳞翅目

翅膀上有粉状鳞片的蝴蝶和蛾都属于鳞翅目。全世界约有 18 万种，中国已发现的约有 8000 余种。

膜翅目

包括筑巢群居的蜜蜂、黄蜂（又称为胡蜂或马蜂）、熊蜂、切叶蜂、家蚁、火蚁等约 11 万种，栖息于地球各地，中国已发现的约有 2800 种。

啊！注意！
黄蜂来了！

双翅目

包括苍蝇、肉蝇、丽蝇以及蚊子、虻等。全世界约有 8 万 5 千种，给人类带来困扰。中国已发现的约有 4000 余种。

半翅目

包括蝉、臭虫、仰泳蝽、盾介壳虫以及蚜虫等。世界上约有 6 万种，中国已发现的约有 3100 种。

直翅目

包括蚱蜢、螽斯、蝗虫、蝼蛄、蟋蟀等。直翅目昆虫的前翅较厚且硬化为革质，后翅则为较薄的膜质，静止时成扇状折叠，通常有着发达的后腿，善于跳跃。全世界约有 2 万多种，中国已发现的约有 800 种。

蜻蜓目

全世界约有 6000 种。中国已发现的有红蜻蜓、薄翅蜻蜓、无霸勾蜓（又称大蜻蜓）、豆娘等约 650 余种。

此外还有毛翅目、蜉蝣目、竹节虫目、螳螂目等昆虫，昆虫各目是根据有无翅膀、变态类型、口器构造、触角形状、跗节等特征来进行分类。昆虫分类系统不断发展变化，各个分类学家的分目各有不同。通常是将昆虫分为无翅、有翅两个亚纲，共 27 个目。在地球上除了南北极，各地都有昆虫栖息。

昆虫的栖息处

昆虫是动物中栖息环境最多样的一群，因为它们遇到环境改变时，都能迅速适应，所以在我们周围很容易发现它们。

栖息在森林的昆虫

树木茂密的森林是昆虫聚集的栖息处。大部分的昆虫都在

森林中觅食与活动。每一天，各种幼虫都忙着啃食叶片，而成虫之间则互相争夺食物。独角仙、天牛、黄蜂、锹形虫、蛾、象鼻虫、蝉等都在森林中生活。

栖息在野地的昆虫

广阔的野地是昆虫的谷仓。稻蝗会啃食稻叶，纹白蝶（又称菜白蝶）的幼虫会吃菜叶。绿油油的草地上有蝗虫、蚱蜢、

粪金龟（又称蜣螂）、螳螂等在玩捉迷藏。绽放野花的地方，则常有蜜蜂和虻类光临。

栖息在水中的昆虫

水中有很多昆虫，跟陆上昆虫一样过着弱肉强食的生活。包括龙虱、牙虫、豉虫、仰泳蝽、大田鳖、负子虫、螳蝎蝽、水蛋（蜻蜓幼虫）等。这些在水中过活的昆虫称为“水栖昆虫”，它们主要栖息在轻度污染的池塘里。

栖息在干净溪水里的昆虫，有蜉蝣、石蛾的幼虫以及萤火虫幼虫。这些幼虫可以当成测定净水标准的环境指标，因为在受污染的水中看不到这些幼虫。

昆虫的食物

假如全世界的人都以稻米为主食，将会怎样？应该会很快将稻米吃完而引发粮食战争，战败的一方就会被饿死。聪明的昆虫比任何人都清楚这个问题，因此每种昆虫都会选择不同的食物来填饱肚子。

草食昆虫

蝴蝶和蜜蜂会吸食花蜜，蝉和独角仙会吸食树液，蝗虫和蚱蜢会啃食草叶，粪金龟则吃大家不想碰的牛粪，而且还吃得津津有味。在昆虫世界里，虽然同样是草食昆虫，但它们还是会选择不同的菜单来避开竞争。

肉食昆虫

肉食昆虫靠猎食其他动物维生，它们只要一天没猎食，就得饿肚子。螳螂会猎食草食昆虫来饱餐一顿，大田鳖会抓住蝌蚪或青鳉鱼来吸食它们的体液，蜻蜓会猎食飞行中的蚊子和蜉蝣，熊蜂则绑架蜜蜂的幼虫来补充能源。肉食昆虫虽然是恐怖的猎食者，但彼此之间会分别挑选自己喜爱的食物，以避免食物战争。

杂食昆虫

蚂蚁像人类一样是杂食性动物，无论是肉还是草，只要是能吃的，都会吃光光。在蚂蚁的眼里，世界上所有东西都像食物。当蚂蚁一发现果实、昆虫的尸体、蚯蚓、糖果、饼干等，便立刻搬回食物仓库里，储藏起来，当成漫长冬天时的储备粮食。

杂食昆虫还包括苍蝇、蟑螂、蟋蟀等。而同样是蚊子，有些蚊子会吸动物的血，但有些蚊子却只吸植物的汁液。

昆虫的成长

昆虫是通过产卵来繁殖后代，然而有些昆虫的卵孵化出小宝宝时，模样根本不像自己的妈妈。昆虫经过卵→幼虫→蛹→成虫的过程，外貌改变的情形称为“变态”。

“完全变态”的昆虫，妈妈和宝宝的长相完全不同。蝴蝶、金龟子、天牛等的幼虫都会经过完全变态。

凤蝶的幼虫为了变得跟妈妈一样漂亮，一定要在蛹中深眠一段日子。

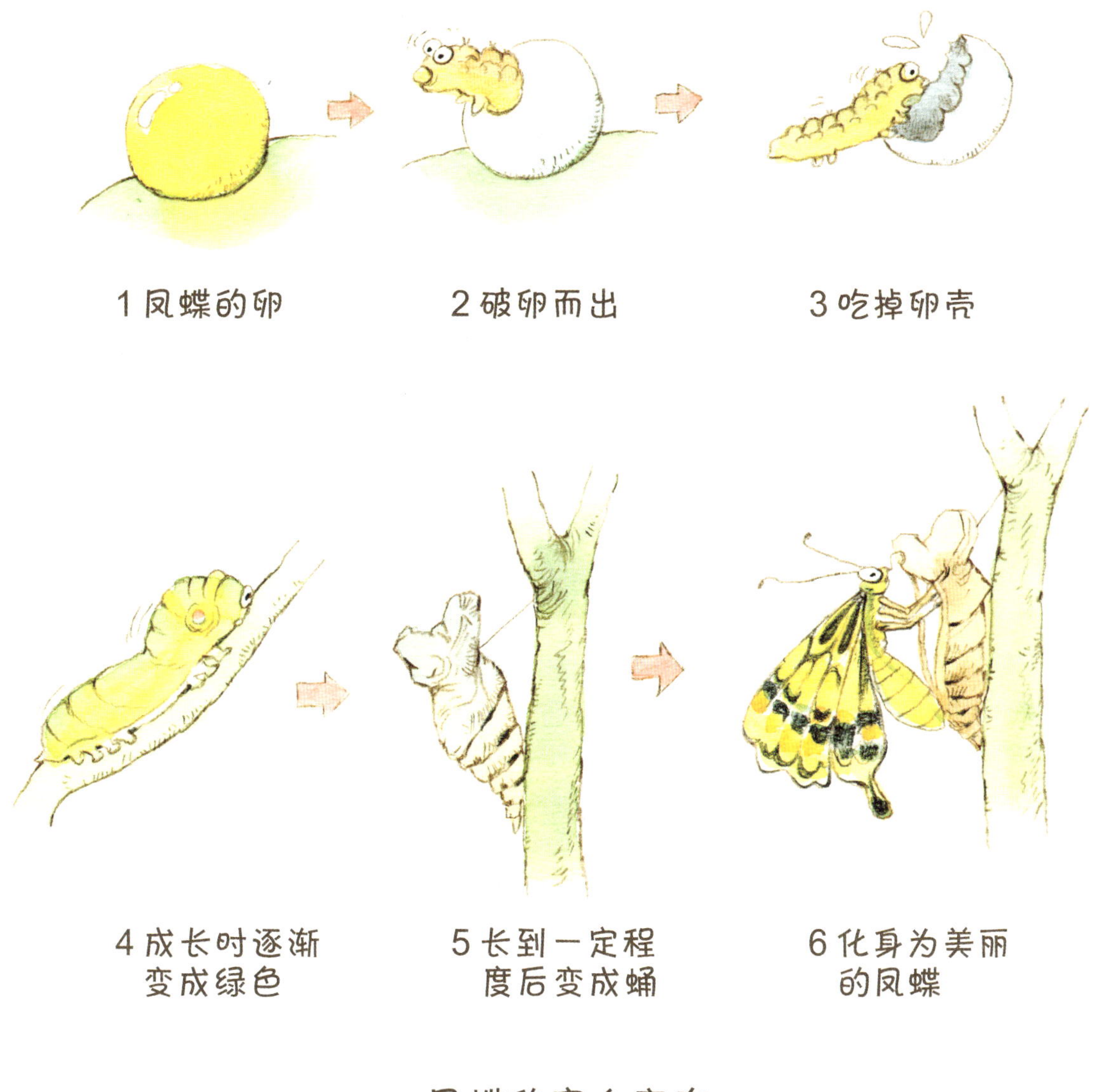

凤蝶的完全变态

蝗虫不经过蛹的状态而变为成虫，称为“不完全变态”。不完全变态昆虫的成长过程为卵→若虫→成虫。若虫每蜕皮一次，增加一龄，身体也随之成长，因此宝宝大部分都会像妈妈。但有些若虫和成虫生活的环境不同，例如蜻蜓的若虫水虿生活在水中，而成虫蜻蜓则生活在空中；蝉的若虫生活在土壤中，而成虫则生活在树上。

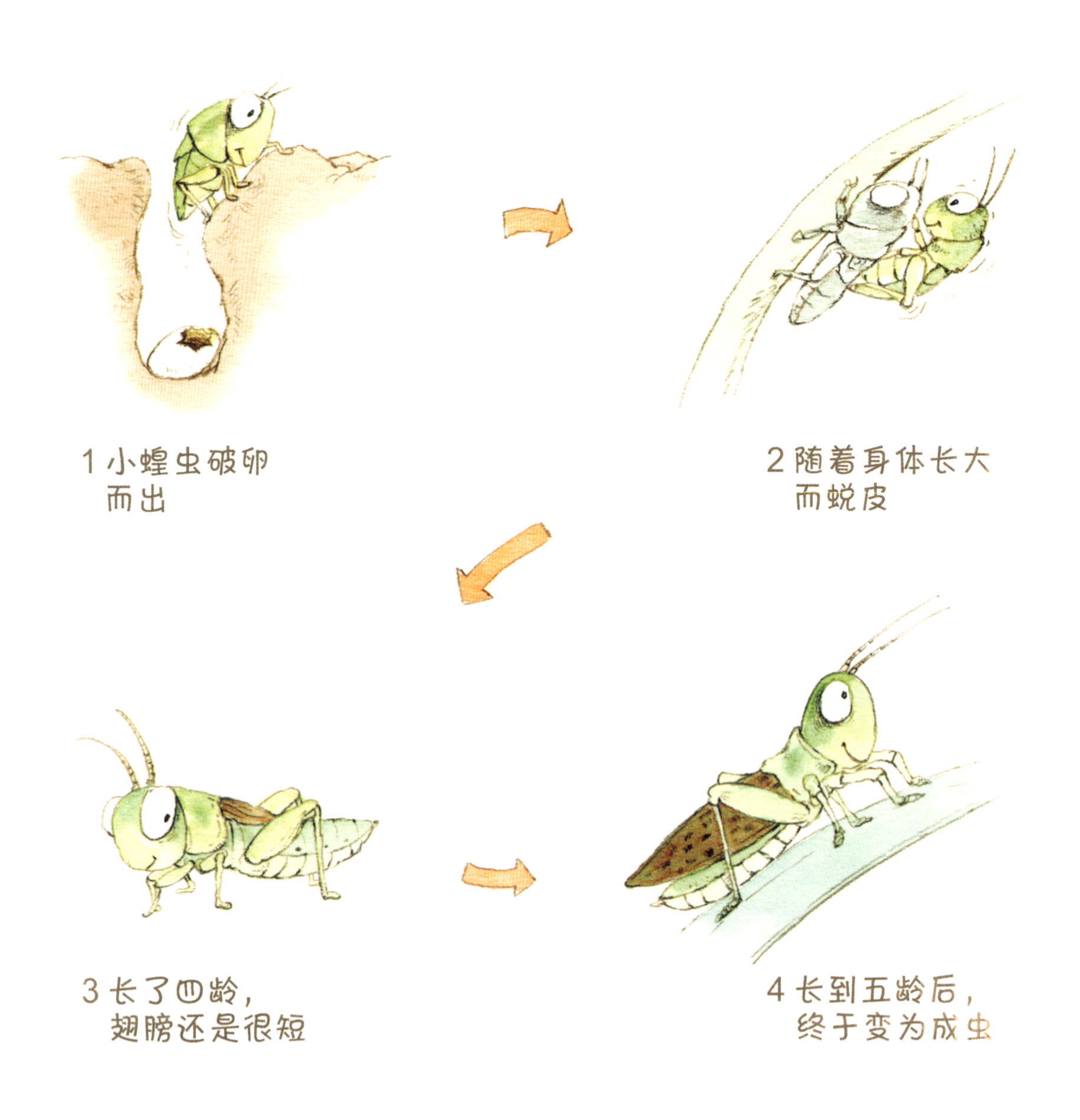

蝗虫的不完全变态

伪装与防御

昆虫无论栖息在哪里，都会有天敌们虎视眈眈地埋伏。处于弱势的昆虫为了生存，会进行伪装，避开天敌的视线。栖息在草丛中的昆虫外表会呈现草绿色；栖息在树上的昆虫外表会呈现树木色，这就叫做“保护色”，保护色对欺骗敌人的眼睛很有效。

天蚕蛾翅膀上的斑纹长得像猫头鹰的眼睛，这是为了欺骗天敌，使其心生畏惧而不敢接近。枯叶蛾则伪装成枯叶的形状和色彩。

凤蝶的三龄幼虫长得像鸟粪，由于伪装得非常完美，连鸟儿也常误认为是自己的粪便。但是凤蝶幼虫长到五龄时，便采取不同的伪装方法，身体变成绿色以便隐藏在树叶间，若不小心被天敌发现，便从头部伸出角来威胁敌人，然后喷出很臭的气味，让天敌不敢接近。

尺蛾的幼虫——尺蠖会把身体伸直伪装成树枝。尺蠖细长的身体看起来很像树枝，因此只要静止不动就能瞒过天敌的眼睛。

象鼻虫很喜欢玩装死把戏，鸟儿接近它时，便装死掉落到树下，然后一直躺着不动。昆虫们为了生存而做出的欺敌行为就叫做“拟态”。

猎食者也会伪装起来，等待猎物靠近。螳螂用保护色伪装身体，并以祈祷的姿势，耐心地等待猎物经过。中华虎甲虫的幼虫会躲在地洞中，等其他昆虫经过洞口时，迅速窜出扑杀。而昆虫的近亲（节肢动物门）蜘蛛则在空中架设好透明的蜘蛛网，耐心地等待猎物自投罗网。

有些昆虫为了击败竞争对手或天敌，而随身配备武器。例如锹形虫利用像锯齿一样的大颚夹住对手的身体。雄独角仙利

用犄角将对手抬高后狠狠地甩开。蜜蜂的尾部长有尖锐的针，是昆虫武器中最具杀伤力的。刺蛾的幼虫全身长满像刺一样的毛，就像刺猬一样，连鸟儿都不太敢吃刺蛾的幼虫。

不太会伪装的昆虫通常具有其他特别的武器。例如蚂蚁从尾部发射酸酸的蚁酸，让敌人昏头转向。金龟子和瓢虫的身体也会分泌刺激性的黄色液体，来警告对方勿再攻击。有些蟑螂会从尾部分泌黏液，干扰猎食者的行动，增加逃走的机会。白蚁的头部也能喷射一种液体，遇到空气后变得非常黏稠，可以牵制住猎食者。如果敌人很强大或为数众多，群居性的昆虫就会团结起来，共同对抗敌人。至于什么武器都没有的昆虫，则利用腿和翅膀快速地逃走。

昆虫们的对话

昆虫们也像人类一样会对话，不过每种昆虫对话的方式都不太一样。例如蚱蜢和蟋蟀等会鸣叫的昆虫，雌雄之间用叫声来对话。一方叫着：“亲爱的，你在哪里啊？唧哩！”另一方则回应：“我在这里，唧哩！”

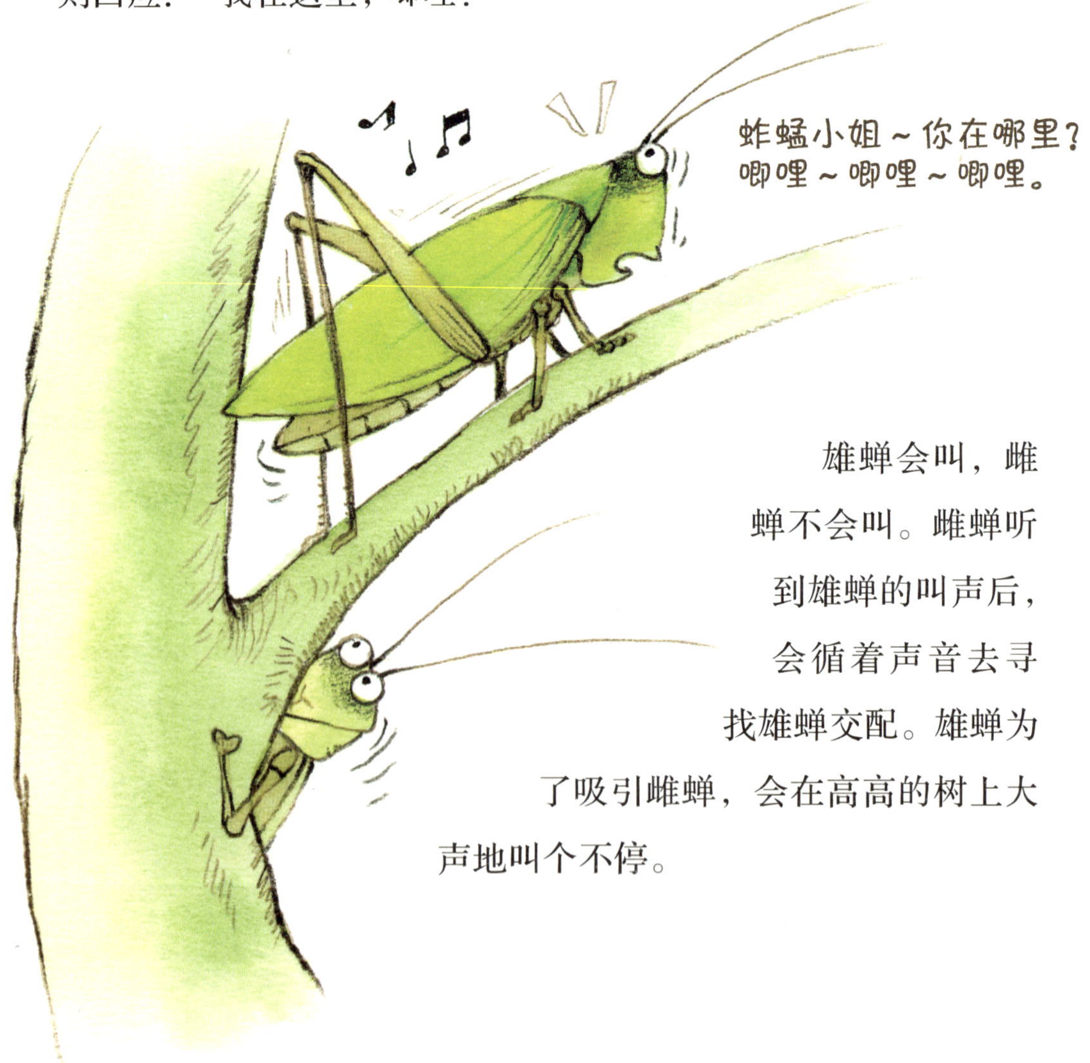

雄蝉会叫，雌蝉不会叫。雌蝉听到雄蝉的叫声后，会循着声音去寻找雄蝉交配。雄蝉为了吸引雌蝉，会在高高的树上大声地叫个不停。

这些昆虫利用声音交换讯息，因此具有很敏锐的听觉，敏锐到连小小的空气流动都能察觉到。蟋蟀和蝉的耳朵不像人类一样长在头部，而是长在后腿和胸部。

不会鸣叫的昆虫则会分泌费洛蒙来对话。费洛蒙是一种气味，一种能够用来传递讯息的化学物质。雌天蚕蛾会分泌费洛蒙来吸引雄天蚕蛾，雄天蚕蛾在数十千米外，也能闻到雌天蚕蛾的气味而飞过来。

蚂蚁为了不迷路，移动时都会沿路分泌费洛蒙，回程便沿着沾有费洛蒙的原路线往回走。此外，蚂蚁也利用费洛蒙的气味来区别敌军或我军，以及交换多样的讯息。

萤火虫利用腹部闪烁荧光来传达讯息，雌雄之间互相交换荧光，以便确认彼此的位置。雄萤火虫简短地闪烁两次荧光，雌萤火虫则以长长的闪烁一次荧光的方式响应。萤火虫的荧光是寻找配偶时必要的灯塔，它的闽南语名字叫做火金姑，被形容成一个捧着火烛、全身金金亮亮的漂亮小姐。

触角与复眼的功能

昆虫的触角是很杰出的感觉器官，既能扮演鼻子的角色，嗅出食物的味道；又像人类的手一样，具有触觉，而且还可以侦测温度和湿度等气候现象，媲美气象雷达。

触角发达的昆虫，视力不太好，看不太清楚眼前的东西，但发达的触角弥补了视觉的不足。各种昆虫触角的形状各不相同，蚂蚁的触角为ㄱ字形，天牛的触角则是像钓竿一样的长条形，蛾的触角呈柔软的羽毛状，而蟋蟀的触角就像两根长长的天线。

触角不发达的昆虫，通常有厉害的复眼。蜻蜓的复眼里装满了 2 万个以上的单眼，不过蜻蜓不像人类一样能清楚地看见事物，而只能模糊地看见呈现为黑白色的物体。

蜜蜂的复眼很发达，很容易找到花粉丰富的花朵，因为花粉丰富的花朵在它眼里看起来色彩特别鲜艳。有些蛾类甚至可以看见人类看不到的紫外线。

昆虫除了复眼之外，通常还具有三个单眼，位于两复眼之间，而完全变态的幼虫则在头部的两侧具有 1 ~ 7 个单眼，用来感觉周围的明暗。

有益的昆虫

判别益虫和害虫的标准，是以人类的观念来设定的。对人类有益，就是益虫；对人类有害，就是害虫。

因此有时益虫也会转变成害虫，而害虫也会转变成益虫。例如提供蜂蜜的蜜蜂被当成益虫而受到赞美，但是当蜜蜂螫人的那一刹那，就转变成害虫。稻蝗会啃食稻叶，而被当成害虫，但是被做成菜肴而端上餐桌时，便转变成益虫。

蚕自古以来就是对人类有帮助的昆虫。蚕茧是蚕蛾幼虫独居的密室，从蚕茧中可以抽出白色的蚕丝，纺成纱后织成绢布，制作衣服。无论以前还是现在，蚕丝绢都很昂贵，因为它不是化学纤维而是天然纤维。

古代中国人以桑叶来饲养蚕宝宝，率先发明从蚕茧抽丝纺纱的技术。一颗蚕茧可以抽出长达一千米长的蚕丝，一条接一条地卷绕在纺车上，形成一捆捆的纺纱。

养蚕技术在汉朝时广泛普及，人们开始大量生产丝绸，热销到连接东西方的西域，进而打通了东西文明的交流之路，也就是历史上有名的“丝路”。

有些地方的路边摊卖的虫蛹零食，就是蚕宝宝。以前连这种幼虫都很珍贵，不是每个人都能吃得起呢。香喷喷的蚕蛹含有丰富的蛋白质，是高营养的零食。

蝴蝶和蜜蜂的身体沾了花粉后，从这朵花飞到那朵花，帮助花的雌蕊和雄蕊进行授精。托它们的福，农夫才可以收获很多果实。可惜近来蝴蝶和蜜蜂的数量减少，农夫只好自己用毛刷来为花朵授精。

人们为了大量收集甜美的蜂蜜而饲养蜜蜂，这就叫做“养蜂”。据养蜂业者说，近来山区及田野里的花朵越来越少，令人担忧，因为这样会导致蜂蜜的产量跟着减少。由此可知，蜜蜂对我们有多重要。

狩猎蜂和寄生蜂会帮人类消除害虫。狩猎蜂会捕捉啃噬农作物的幼虫，用唾液麻醉它，然后在那只幼虫身上产卵，破壳而出的狩猎蜂宝宝便以那只幼虫为食物来长大。

寄生蜂会把尾部插入其他幼虫或蛹的体内后产卵，破壳而出的幼虫便吃寄主的身体来长大。这两种蜂都会捕捉对农作物有害的害虫，因此它们确实是益虫。

会消灭害虫的肉食昆虫大部分都是益虫。瓢虫会捉蚜虫，蜻蜓会消灭蚊子，恐怖的螳螂会猎食蝗虫，动作快的食虫虻则是猎蝇专家。

以前贫困时代的人家，有时会翻动草丛捕捉昆虫来食用。蝗虫、蚱蜢、稻飞虱、蝉蛹等都是富含蛋白质的好食物，有些地区至今仍旧喜爱食用这些昆虫，而热带地区的原住民也以甲虫的幼虫为食物来补充蛋白质。

在古代中国，皇室宴客时，把蚕蛹和蚂蚁卵当成珍贵菜肴。昆虫学家法布尔早就认定昆虫将成为人类食物的资源，因此曾经烤金龟子幼虫和蝉的若虫来尝尝看。

有害的昆虫

在旧石器时代，人类和昆虫之间几乎没有争斗，因为当时昆虫并不是人类猎捕的对象。

人类和昆虫起冲突可追溯到新石器时代。原本以狩猎动物为主食的人类祖先，自从耕种农作物以来，便把昆虫当成敌人，因为昆虫会偷吃掉大部分的谷物。

昆虫幼虫一发现合乎胃口的蔬菜，便尽情地啃得一干二净。无论是多么珍稀的昆虫，以人类的立场来看，它们就是务必马上消除的害虫。因此农夫在田里喷洒杀虫剂及农药，消除害虫，以便保护农作物。

虎头蜂会袭击蜜蜂的巢，杀死蜜蜂并猎食蜜蜂的幼虫。从蜂农的立场来看，当然不可能放任虎头蜂破坏他辛苦流汗饲养的蜜蜂群。虽然一样是蜂类，但对人类没有帮助的蜂种，就会被冠上害虫的罪名而受到严重的排斥。

损害稻穗的褐飞虱和蝗虫是害虫的代名词，而以豆、米、栗、橡果为主食的象鼻虫也被冠上害虫的恶名。无论什么昆虫，只要窥伺人类粮食的话，都会被归类为非消失不可的害虫。珍贵的天牛也因为会导致树木枯死，而被贴上害虫的标签。

世界文明越发展，在人类的眼中，该消灭的害虫数目就越多。因为昆虫栖地被开垦，农作物的损失激增，罪魁祸首却指向昆虫，从此迈入了人类和昆虫之间的战争时代。

然而，昆虫们根本不关心自己是不是害虫，它们只是在祖先世世代代生活的地方，一天一天认真过日子而已。其实这块大地真正的主人是昆虫。

人类在饥饿的年代把蝗虫当做食物，如今却又把它当成伤害农作物的害虫看待。而昆虫则不会像人类那么没有原则，它们会遵照天生的本能过日子。

在昆虫的眼里，抑制昆虫本能的人类看起来会是什么模样呢？把蜜蜂当成奴隶，并且抢走蜂蜜的人类，看起来会不会更像是坏人呢？

家里的害虫

有一些昆虫对人类直接有害，例如蚊子会吸食人类或家畜的血液，还把病毒传染给人类。栖息在热带地区的疟蚊是引发疟疾的主犯，罹患疟疾的人会发烧，甚至丧失性命。

三斑家蚊会引发日本脑炎，这种蚊子在炎夏时侵入家里后，叮咬人的身体。研究后发现，发出嗡嗡声攻击人的都是雌蚊，雄蚊不会吸食人血。

你们在冬天时也看到过蚊子吧。蚊子连在冬季都会繁殖，是很恐怖的害虫。温暖的大楼地下室都设有污水处理槽，蚊子会在那里产卵，照顾幼虫。由于蚊子幼虫孑孓可以活在肮脏的水中，因此在净化过一次的污水槽里成长不成问题。蚊子是害虫之王，全世界已知的约有 3000 种，中国已发现的有 300 多种。

最烦扰人类的肮脏昆虫就是苍蝇。苍蝇很喜欢聚集在食物残渣附近。

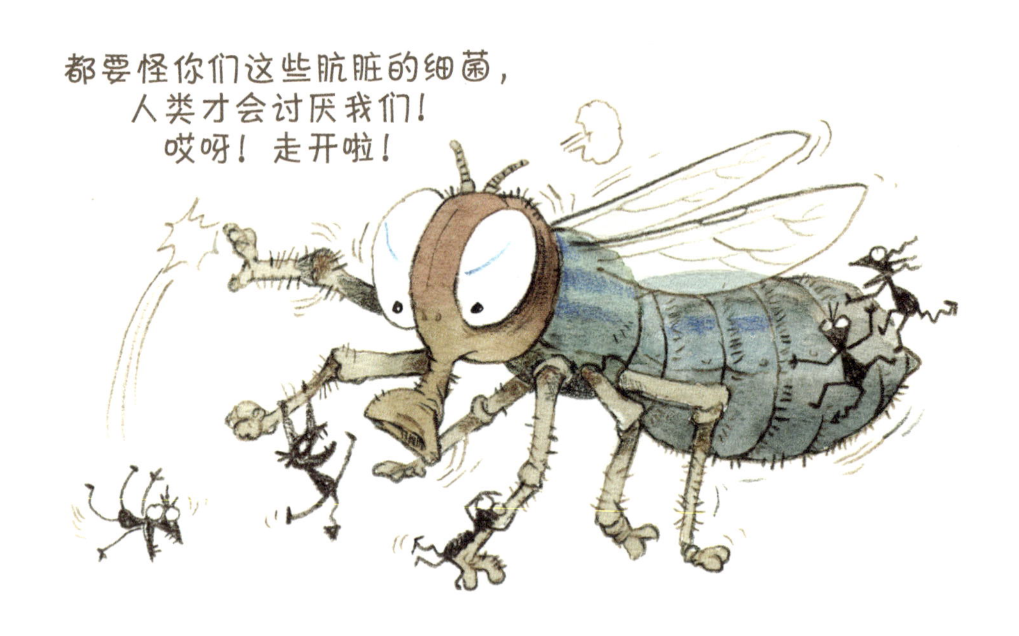

我们常看到的苍蝇是家蝇，家蝇会引发肠伤寒、霍乱以及食物中毒。它们有时会停在我们要吃的食物上面搓脚，有时会吐出它吃过的东西。万一我们吃到这种带菌的被污染食物，就会生病。

苍蝇天生喜爱肮脏又腐烂的东西。绿蝇会吃粪便，肉蝇爱吃动物的尸体。想象一下，如果那样的苍蝇停在饭菜上，真的很恐怖，是不是？

苍蝇的幼虫就是蛆。食物腐烂后，原先苍蝇产在上面的卵就会孵化出蛆来，这些蛆经过一至二周后会变为苍蝇。我们无论多么勤奋地消灭苍蝇，苍蝇的数目还是很多，因为它们的繁殖力实在太强了。

谈到家里的害虫不能不提蟑螂，因为在人类居住的环境中，它是适应力最强的昆虫。

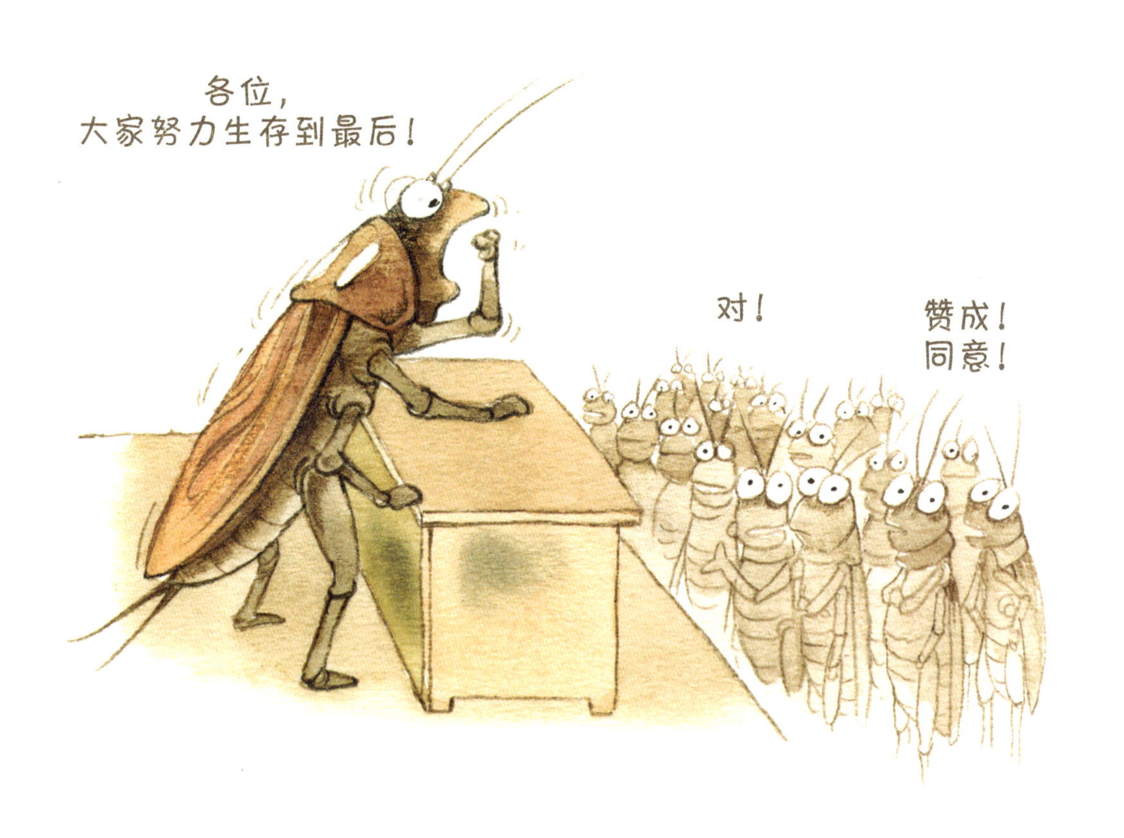

蟑螂无所不吃，无论是食物残渣，还是人的指甲和茧皮，甚至壁纸都可以吃光光。而且生存力非常强，只要喝水就可以撑一个月。由于它的抵抗力很强，喷了杀虫剂也未必会死。据说发生核爆炸时，它是唯一能够生存下来的物种，真是令人不可思议。

蟑螂的眼睛因为退化而惧光，所以喜欢躲在潮湿又阴暗的水槽下方，而且只在夜间活动，所以除了人类之外，几乎没有天敌，这就是蟑螂长久以来在地球上能够持续繁殖的最大原因。

蟑螂是四处爬行的带菌昆虫，随意爬过食物，传染癫痫、肺炎、结核等病菌。到底要如何才能消灭生命力强韧的蟑螂呢？全世界已知的蟑螂约有 4000 种，中国已发现的有 200 多种。

过特殊生活的昆虫

背着卵活动的昆虫

昆虫的妈妈大多产卵后便离开，变成孤儿的幼虫，必须靠自己过活。不过负子虫妈妈会在负子虫爸爸背上产卵，负子虫爸爸便背着卵四处活动，有时到水面上吹风晒太阳，有时回到水里泡个澡，尽心尽力地照顾。

负子虫宝宝要经过大约十天后，才会孵化破壳而出，游入水里，从此脱离负子虫爸爸，在险恶的水中独立过活。

负子虫是负蝽科肉食昆虫，猎捕比自己小的昆虫或鱼类，捕到猎物后把嘴插入猎物体内，分泌消化液，溶解猎物的内脏后，吸食汁液。小负子虫则追猎水蚤来填饱肚子。

会做便当的昆虫

粪金龟以牛粪为主食，将一天的大部分时间都用在吃牛粪上，因为牛粪的营养不够，所以要大量吃才能够避免饥饿。因此只要一有空，它们就会在牛粪堆中以头、脚搓制粪球，再用后脚钩着粪球向后推着走，找到合适地点埋入土中，储藏在地底下。

粪金龟也把自己的宝宝放在牛粪里养育。粪金龟妈妈先在地洞中将牛粪揉成瓮状，产卵在粪瓮里后，便一直守护着这个卵瓮，不让它干燥或发霉。破壳而出的幼虫待在粪瓮中，吃喝拉撒睡全在里面解决。如此经过数周后，幼虫长大为成虫，破瓮而出。粪金龟妈妈看到宝宝平安无事长大后，才会离开洞穴。粪金龟的爱子心切也很了不起，对不对？

栗实象鼻虫到了产卵期，会挑选宝宝长大时要吃的便当，也就是栗子或橡果。栗实象鼻虫会选还没完全成熟的果实，用长长的嘴钻入果实里做一个洞后，产一粒卵在洞里。幼虫在果实中孵化后，会边吃果实的肉边成长。

那颗果实对幼虫来说，既是最安全的房子，也是最大的便当。幼虫变成蛹之前会脱离果实，躲藏到地底下，一直到夏天时才破蛹而出，成为堂堂的成虫。

栗卷叶象鼻虫是栗实象鼻虫的亲戚，由于它的脖子特别长，也被称为鹅颈虫。栗卷叶象鼻虫会挑选嫩绿的橡树叶做成宝宝的便当，先沿着叶子的主脉切掉一半，使得新鲜的叶子变松弛，接着在叶子末端上产一粒卵，然后将叶子如包寿司一样卷起来，这个卷叶就是栗卷叶象鼻虫的宝宝长大时要吃的便当。

水中的氧气筒——龙虱

龙虱是水栖昆虫中体形最大的，以水中动物的尸体为主食，因此有水中清道夫的绰号。

龙虱原本是栖息在陆地上的甲虫，后来才移居到水中适应新生活。后腿长有很多毛，适合游泳。会利用腹部末端的气门吸取外面的空气，以气泡状态储存在翅膀下面。在水中呼吸时，会消耗储存在气泡里的空气，而呼出的二氧化碳则噗噜噗噜地从尾部排出。一旦储存的空气用完时，龙虱便游到水面上，补充新鲜的氧气。龙虱的身体本身就像一个氧气筒，人类看到龙虱的呼吸法，因而发明了氧气筒。

龙虱在水草的茎干上戳洞后产卵。刚孵化的幼虫外貌和妈妈完全不同，反而比较像蠼螋，身体带有白色，食性则像妈妈一样属肉食性，猎捕其他小昆虫的宝宝，吸食猎物的体液。

龙虱的幼虫蜕了几次皮后才会跳出水面，躲在泥土里，蜕变为蛹。幼虫和妈妈一样会呼吸空气，因此不会窒息死亡。长大为成虫的龙虱会再回到水中，扮演清道夫的角色。不过池塘的水干涸或水中环境变坏时，龙虱也会飞离池塘，寻找其他适合的场所。

水中的火箭——水蚤

蜻蜓的故乡在水里，因为那里是它年幼时的栖息处，长大为成虫后才离开水中。也许蜻蜓认为在水里养育宝宝，比外面世界更安全吧。

蜻蜓的幼虫称为水蚕，会利用长长的下颚猎食青鳉鱼或小蝌蚪。遇到大田鳖等天敌时，则会像火箭一样快速逃跑。它平时利用尾巴吸水，过滤氧气来进行呼吸。若将吸入的水快速喷出的话，便可以快速移动。水蚕的这项技能与火箭的喷射原理相近，而长大成为蜻蜓后，它的飞行技巧又成为开发直升机时的参考。

地底的幼虫

蚁蛉会在沙地中产卵来养育幼虫，它的幼虫叫做蚁狮，是捕猎蚂蚁的高手。蚁狮利用尾巴挖掘漏斗状的地洞，猎食滑落下来的蚂蚁。掉进洞里的蚂蚁想逃走时，蚁狮会利用大颚铲挖洞底的沙子，使上方的沙子继续下滑，不让蚂蚁脱离陷阱。蚁狮吸食蚂蚁的体液之后，会将空壳丢弃到洞外。

蝉在树枝上戳洞后，产下五六颗卵。由于它的产卵管末端长得像钻孔机，在树上很容易挖洞。不过如果不赶快产卵，它可能就会成为蚂蚁或鸟的食物，因为蝉的尾部钻孔机无法很快地抽出来。

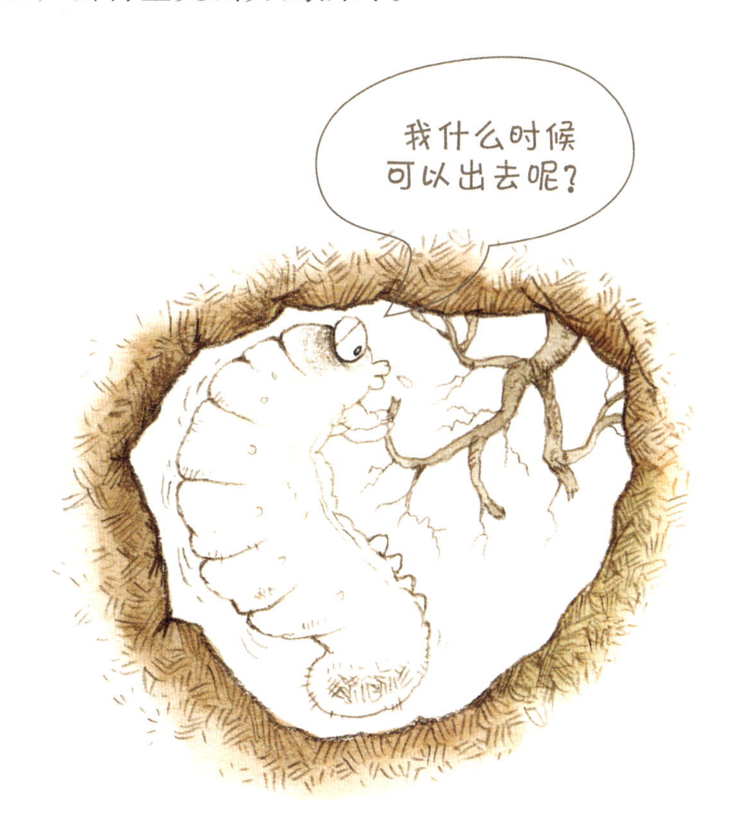

刚孵化的蝉幼虫称为若虫，意思是长得像成虫的“不完全变态类”的幼虫。若虫破卵而出后，爬出树洞，落到地面，随即钻入地底，靠近树根，以便吸食树液而成长。它每蜕皮一次便长大一龄。为了防止洞穴瓦解，它会排尿来使洞壁保持湿黏。蜕皮五次的幼虫会钻出地洞，爬到树上去。为了不被天敌发现，刻意挑选在凌晨时刻行动。幼虫在树上平安无事地破蛹而出，终于羽化成蝉。

在树上大声鸣叫的是雄蝉。雄蝉的鸣声之所以如此响亮，是因为腹部有空空的共鸣室，在雄蝉鸣叫时扮演扩音器的角色。

每种蝉的诞生季节都不同，蝉的鸣声依蝉种而不同。鸣蝉的鸣声为“嗯啊嗯啊嗯啊”，油蝉的鸣声为“吱嘹吱嘹吱嘹”，寒蝉的鸣声为“嘁哩哩哩嘁哩哩哩”。

过群体生活的昆虫

蜜蜂过着非常团结的群体生活，工蜂侍候蜂后，很有秩序地活动。蜂后随时将大颚腺费洛蒙传递给工蜂，“蜂后大颚腺费洛蒙”是一种“阶级费洛蒙”，宣告蜂后的存在，并让工蜂服从蜂后。因此工蜂以蜂后为中心而聚集，并认真执行自己所担任的工作。这种分多个阶级聚集成一个群体的昆虫，就叫做“社会性昆虫”。

具有性费洛蒙的蜂后终生担任产卵的工作，一年约产下一万个卵，而且有能力调节应该生产雌蜂还是雄蜂。当巢里的蜜蜂数目太多时，老蜂后便开始生产雄蜂，而雄蜂诞生的唯一

目的，就是与新蜂后交配。这时老蜂后会带领一半工蜂，迁往新巢。

所有工蜂都是雌性，负责照顾蜂卵、侍候蜂后、筑巢、打扫、采蜜等所有工作，每只工蜂依照羽化后的不同时期而有不同的工作。

工蜂羽化后一周期间，会从咽下腺分泌“蜂王浆”，这种蜂王浆是专供蜂后和幼虫吃的特别食物。多数的幼虫仅有最初几天可食用蜂王浆，之后改喂食一般的蜂蜜，最后便成为工蜂；唯一持续食用蜂王浆的幼虫，最后将成为蜂后。

不能再分泌蜂王浆的工蜂，开始分别负责筑巢、打扫、采蜜等工作。

工蜂虽然侍候蜂后，但也拥有挑选新蜂后的重大权利。

蜂巢里的蜜蜂数目多起来时，工蜂开始养育新蜂后，选定五六只幼虫为蜂后候选者，并集中喂食它们蜂王浆。

候选者中最早羽化的就成为新的蜂后。新蜂后一羽化就会立即杀死还没有羽化的候选者。如果两只同时羽化，便会极力相争到一方死亡为止，因为蜂后只能有一个。

新蜂后和雄蜂一起飞出去交配时，原来的蜂后便带领一半的工蜂搬到新家，把旧巢和一半的工蜂留给新蜂后。

工蜂群用腹节间的蜡腺分泌出来的蜂蜡，和唾液混合后，很精密地构筑六角形公寓。所有昆虫的建筑物中，蜜蜂的公寓构造最杰出。

雄蜂天生就有吃喝玩乐的命，白吃白喝工蜂送来的食物，悠闲地玩乐，唯一要做的就是担起传宗接代的重要任务。交配之日，无数的雄蜂都跟在蜂后的后面飞行。飞得最远、力气最

大的雄蜂才能够和蜂后交配。不过雄蜂一结束交配旅行，便会立即被赶走。

黄蜂（胡蜂）用嚼碎的植物茎干渣来筑巢。为了不让敌人侵入而只留一个出口，其他外壁都密封成球形，仿佛一个布满皱纹的老南瓜。黄蜂居住的巢像海绵一样很容易渗水，因此一旦淋到雨，黄蜂群便忙着用嘴吸水后吐出巢外。

黄蜂不会储存粮食，而以抢夺偷窃过日子，常围攻蜜蜂的巢，抢夺食物。

褐胸泥壶蜂是昆虫界的陶艺家，用嘴叼回泥土在岩石或树上筑巢，巢的形状有如各种陶器。泥壶蜂的泥巢淋雨也不会崩溃，因为它在泥土里加了一些特殊物质后才施工筑巢，就像陶艺家在陶坯上涂釉药一样。泥壶蜂简直就是昆虫陶艺家。

蚂蚁也是以王国的形态过群居生活。由于蚂蚁的祖先是蜂类，因此完全继承了蜂类的遗传基因。远古时代的蜂类定居在地底以来，外貌逐渐变成适合地下生活，下颚很发达，腰部很细。蜂类以蜂针御敌，蚂蚁则用“蚁酸”当武器。

蜂类蜇敌后，会造成对方红肿、痛痒，但蜂针也会与蜂体分离，导致它的死亡。而从蚂蚁尾部喷出的蚁酸，具有腐蚀性，人类皮肤接触后会起泡红肿。

蚂蚁和蜂类的共同点是都具有“公共胃”。“进食胃”是自己个体的食物仓库，而“公共胃”则是储存同胞粮食的储藏室。肚子饿的同胞，无论何时都可以分享公共胃里的食物。

蚂蚁的地下王国分成很多房间，包括蚁后房、卵房、幼虫房、茧房、食物仓库、垃圾房、雄蚁房等。蚁后也像蜂后一样负责产卵来传宗接代。

兵蚁是工蚁中最大、最强壮的，因为小时候比其他幼虫吃得多而长大成为兵蚁。兵蚁担任守护王国及侦察的任务，遇到大型食物时，转变成工蚁而利用下颚来切断食物。此外，如果与其他种族发生战争时，挺身出来对抗敌人。兵蚁以吃得好、长得好为报酬，担起作战、守卫、侦察、切断食物等多项任务。

一样过群体生活的悍蚁（武士蚁）和黄蜂一样，都是残暴的掠夺者，它们会袭击日本山蚁，杀死蚁后和工蚁，掳走卵和幼虫，交由上次掳来已沦落为奴隶的日本山蚁养育。被掳来的日本山蚁卵和幼虫，持续接受悍蚁蚁后的费洛蒙而成长，因此一直以为悍蚁蚁后是亲蚁后，而效忠至死。因为有日本山蚁帮忙养育悍蚁的后代，以及采集和供应它们食物，所以悍蚁都不用工作，很舒服地吃喝玩乐。可怜的日本山蚁在什么都不知道的情况下，一直当悍蚁的奴隶而度过一生。当悍蚁的家族增加时，又会出去捕捉新的奴隶回来。

蚂蚁很喜欢吃蚜虫尾部分泌的含有糖分的蜜汁。蚜虫会吸食树液而成长，未消化的糖分会从尾部排出体外。蚂蚁就是为了免费获得这甜蜜的汁液而守护着蚜虫，发现蚜虫的天敌瓢虫接近时，大家便一起合力赶走瓢虫，这种互相帮助的关系就叫做“共生关系”。

黑褐举腹蚁和介壳虫也有共生关系。介壳虫也像蚜虫一样会生产甜水，然而黑褐举腹蚁却把介壳虫当成乳牛一样饲养。白天时保护介壳虫进行觅食活动，到了晚上再把它安全地移回家，就像牧童放牛一样。黑褐举腹蚁想吃甜水时，会用触角轻轻碰介壳虫的尾巴，介壳虫总是有求必应，随时提供甜水。

栖息在亚马逊丛林的几种蚁类因为切断叶子的技术很厉害，因此被称为切叶蚁。它们利用下颚裁剪树叶后，搬回蚁窝里的仓库储藏。被切成碎片的树叶在潮湿的洞穴中，经过自然发酵，会从堆放的树叶中长出真菌，切叶蚁便用这种方式栽培真菌，来准备一整年的粮食，不虞匮乏。

收割蚁也会栽种农作物。它们发现食物仓库里的种子发芽时，会用嘴叼出来放在洞外。被它们播下的种子一天天长大后，会结出很多果实，供它们食用。收割蚁是比人类更早懂得栽种农作物的聪明昆虫。

勇夺冠军的昆虫

跳蚤是没有翅膀的昆虫，但后腿很发达，是昆虫中的跳高冠军，可以很轻松地跳过相当于自己身高200倍的高度。若以人类来对比，就像跳过70层楼高的摩天大厦一样。不过跳蚤平常不会乱跳，而是黏附在动物的毛皮上吸血过活。跳蚤拥有跳高冠军头衔的同时，也拥有害虫的恶名。

另有一种名为黄条叶蚤的小甲虫，可跳过自己身高250多倍的高度，也是一流的跳高选手。

蝗虫则是跳远高手，它只靠后腿的力量就可以一次跳出一米以上的距离，以人类的步幅来对比的话，等于说一个人往前一跳的距离为100米。假如人类真的能像蝗虫一样跳跃的话，就不需要汽车了，不是吗？

甲虫大部分都是大力士，金龟子能够推动比自己重300倍的有轮推车。而革翅目昆虫蠼螋能拉动相当于自己体重500倍的玩具车。

不过论排名，粪金龟还是天下第一，粪金龟可以推动比自己重800倍的有轮推车。假如人类能像粪金龟一样发挥神力，便可赤手推动五六吨重的卡车。粪金龟的力气特别大，是不是因为平常都在推牛粪球行走而锻炼出神力的缘故？

水黾是在水面上跑得最快的昆虫，它有办法在水面上滑行也不会溺水。水黾的脚底长有油性细毛，脚底接触水面时，油性细毛之间的空气扮演如同充气浮板的角色，帮助水黾浮在水面上。水黾除了靠着轻盈的身体、脚底的油性细毛之外，还利用水的表面张力，而能够轻松地在水面上滑行。

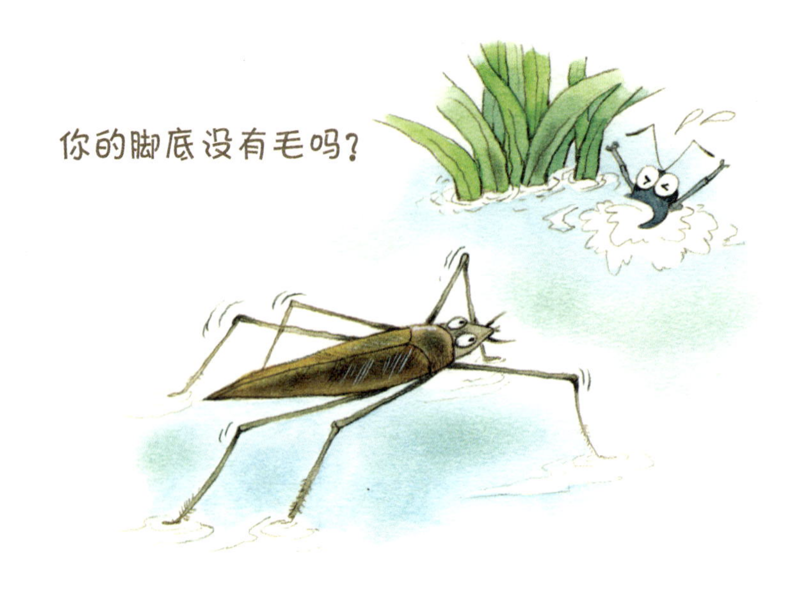

帝王斑蝶（大桦斑蝶）是最棒的长途飞行选手，一天可以飞行 100 ~ 120 千米，等于从上海到苏州的距离。

帝王斑蝶的故乡是墨西哥的索诺拉沙漠。在那里诞生的帝王斑蝶为了觅食和避暑而飞到加拿大东北部地区，这段距离长达 3000 千米。它们在加拿大度过夏天后，八月初秋时，再次展开飞回墨西哥的长途旅行，因此来回的迁徙距离总共 6000 千米。

帝王斑蝶为何能够飞行6000千米那么长的距离呢？秘密就在于它们在飞行途中不断地传宗接代。蝶类通常一年繁殖三到四代，帝王斑蝶也不例外。第一代产卵后死亡，第二代羽化后接棒，再传给第三代。如此一棒接一棒的接力赛，持续了一整年。

帝王斑蝶即使换了世代也不会迷失迁徙方向，飞往加拿大的世代继续向北飞行；往故乡墨西哥的世代则继续向南飞行。这是帝王斑蝶随季节迁徙的本能。

昆虫的寿命

昆虫的寿命大部分都很短，很多昆虫从出生到死亡只有数个月的时间而已。春天时从卵中孵化的昆虫，到了秋天交配完成后便离开世界。以代表性昆虫螳螂和蝗虫为例，它们成虫后可以活五六个月，这样已算是长寿的昆虫了。

有些昆虫的幼虫期比成虫期还长。蜉蝣的若虫在水中栖息两到三年，但成虫之后只活一天便离开世界。蜉蝣因为只能活一天，所以交配和产卵之事，进行得像闪电一样，快速完成。

蜻蜓和独角仙的幼虫分别在水中和地底下度过三年，但成虫之后，却活不到两个月。

蝉的幼虫则在地底下吃睡五到六年，但羽化之后才活两周而已，会不会觉得很冤枉呢？

一天到晚工作的工蚁和工蜂可以活四到五个月，就从事劳累工作的昆虫而言，寿命算是长的。至于养得肥肥胖胖的蚁后及蜂后则很长寿，平均寿命长达五年。

瓢虫很特别，多只成虫聚集在落叶底下度过寒冬，因此活过一年不成问题。瓢虫身体虽然小巧，却是可完整经历四季变化的昆虫。

后代存活靠概率

动物中繁殖后代最多的就是鱼类，繁殖最少的是靠喂奶来养育后代的哺乳类。昆虫仅次于鱼类，也繁殖很多后代，平均每次产下数百颗卵，小小的蚊子也会产下 400 ~ 500 颗卵。

昆虫繁殖很多后代的原因是存活率很低。由于虫卵具有丰富的营养，因此周围充满虎视眈眈的天敌。就算幼虫从卵中孵化出来，数百只中留存下来的有 5% 左右就非常好了。

生物的本能是把自己的遗传基因传给下一代，而为了传宗接代，便尽可能留下很多子孙。产下尽可能多的卵，后代存活的概率也随之提高。这是昆虫们为了避免灭种，所做的理所当然的选择。

生物金字塔

动物们处于不断的吃和被吃的食物链关系。弱者成为强者的食物，强者成为更强者的食物。

植物会自行制造养分，例如叶子接受阳光进行光合作用来储存养分，根部则吸收水分和养分来成长，因此植物在大自然中担任生产者的角色，是喂养所有生物的食物工厂。

食物工厂生产新鲜的草或叶之后，消费者会自动找上门。最早上门的顾客是第一消费者——草食昆虫。草食昆虫挑选自己喜欢吃的植物来吃，不过其周围总是有第二消费者虎视眈眈地窥伺第一消费者。第二消费者大部分是喜欢肉食的昆虫，但是肉食昆虫也会成为第三、第四消费者的猎物。

例如，螳螂将成为青蛙或小鸟的食物，青蛙和小鸟将成为蛇的食物。至于蛇呢？将被猫头鹰或老鹰捕食。就这样，动物以食物链关系串联在一起。这种生产者和多种消费者以食物链串联在一起的关系，就叫做“生物金字塔”。

“生物金字塔”可呈现不同食性层次的生物摄食关系：生产者组成金字塔的底层，而较高食性层次的生物则位于较高的位置。通常较低食性层次的生物数量较大，以应付较高食性层次的生物所需。

假如昆虫从地球上消失，将会怎么样？假如昆虫消失了，应该是起因于生产者——植物大量死亡，导致以植物为主食的昆虫灭绝。假如第一消费者灭绝了，其他消费者也无法生存。小动物灭绝了，大动物也会随着灭绝，这就是大自然的法则。

最后，这一浩劫一样会降临到人类头上，因为人类也将吃不到谷物和肉类。总之，在昆虫无法生存的环境，什么动物都无法生存。

生态圈危机

我们所居住的环境里，混杂着生物和非生物。生物会呼吸又会活动，但迟早有一天会死。树木活着时是生物，死后就成了非生物。

非生物没有生命，然而有些非生物却和生命息息相关。例如阳光、水、空气、土壤虽然不是生物，却是世上不可或缺的非生物，只要缺少其中之一，地球上任何生物都将无法生存。像这样，生物和非生物和谐共存的环境就叫做“生态圈”。

要让人类和地球都健康的话，就应该努力不让生态圈失衡。也就是不要破坏大自然，要减少环境污染。就算是小小的垃圾，也要养成随手捡起的习惯。只要家里减少使用清洁剂，对环境就会有大帮助。可惜人类经常率先破坏生态圈。现在就来看一看下面几个例子吧！

人类为了防范农作物受害，而大量喷洒杀虫剂，加上肮脏的家庭污水及工厂废水，一起流入河川和海洋，导致严重的水污染。

铲除森林绿地，修建道路和房子，使得野生动物的栖息地消失。

恶劣的公害不但损害人类的健康，也给其他动物带来各种疾病。

每年有三万种生物从地球上消失，面临绝种危机的昆虫也持续增加。

在中国，濒临绝种昆虫包括：中华蛩蠊、金斑喙凤蝶、中华缺翅虫、墨脱缺翅虫、尖板曦箭蜓、宽纹北箭蜓、拉步甲、硕步甲、彩臂金龟、叉犀金龟等。珍贵稀有昆虫包括：曙凤蝶、黄裳凤蝶、雾社血斑天牛、无霸勾蜓、妖艳吉丁虫、彩虹叩头虫、独角铠甲、阳彩臂金龟、李氏长节叶蜂、布氏螯蜂、中华树蟋等。

以前粪金龟是很常见的昆虫，因为以前在绿油油的青草地上，有很多农夫养的牛。但现在很少放牧，而是把牛关起来养，因此粪金龟在野地里找不到牛粪吃，数量明显减少了。

即使好不容易生存下来的粪金龟，也为了食物问题而过着苦恼的生活。饥饿的粪金龟前往农场，却发现那里的牛粪不合胃口，因为那里的牛都是吃饲料的。粪金龟为了填饱肚子而勉强吃饲料粪，但饲料粪不能用来养育粪金龟宝宝，因为用饲料粪做成的卵瓮空气不流通，粪金龟产卵在里面，卵会死掉。

就算好不容易吃到放牧牛的粪，也会有问题，因为牛群吃了被除草剂或农药污染的草后，排出的牛粪有残毒，粪金龟吃了被污染的牛粪后也会跟着中毒。由于这些因素，很多粪金龟无法传宗接代，因此粪金龟的身价越来越高昂。

有些昆虫像粪金龟一样，以特定的食物为主食。例如纹白蝶的幼虫只喜欢吃白菜、萝卜、芥菜等十字花科植物的叶子，凤蝶的幼虫喜欢吃橘子树和金橘树等有苦味的叶子。可惜这些昆虫也受到杀虫剂的影响，数量正逐渐减少。

人类为了扑灭一只害虫，而使用会杀死数万只益虫的杀虫剂。最后发现原本很常见的昆虫越来越少见时，才费尽心思，想方设法来加以保护。而濒临灭绝的昆虫种类逐渐增加，代表环境越来越恶劣，也是对人类的严正警告。

大自然一旦被破坏，想恢复原貌需要五十年以上的岁月。而要让逐渐消失的昆虫再度回来，则需要更长的岁月。

遇到危险昆虫时怎么办？

到山区或野外时可能会见到蜂窝。由于蜂群有时会疯狂蜇人，所以很危险。一旦发现虎头蜂、蜜蜂、黄蜂的蜂窝，无论如何先避开为妙。切忌因一时好奇而朝蜂窝丢石头或用棍子触碰。蜂类一旦受到刺激，会成群攻击。若轻忽它们，很可能会丧命。实际上全球每年都有数千人因为触碰蜂巢而丧命。

最好不要用手去抓全身是毛的毛毛虫及有鳞粉的蝴蝶，那样可能会造成皮肤刺痛或引发过敏。

也不要赤手打家里的苍蝇、蚊子或蟑螂，因为这些害虫是细菌的源头，用手打它们，可能会沾上无数的病菌。万一不小心打到它们，要立即用肥皂水洗干净。如果用不干净的手拿东西吃或擦在衣服上，就会让健康亮红灯。

用苍蝇拍打死害虫时，也同样要将害虫的陈尸之处和苍蝇拍洗干净，保持卫生，才能防范细菌感染。

采集昆虫

如果想研究昆虫的模样和特征，最好的方法就是直接采集后进行观察。你应该看过夜间路灯下或纱窗上聚集的昆虫吧？因为昆虫天生喜欢光亮，具有向光聚集的习性，因此利用夜间较容易采集昆虫。

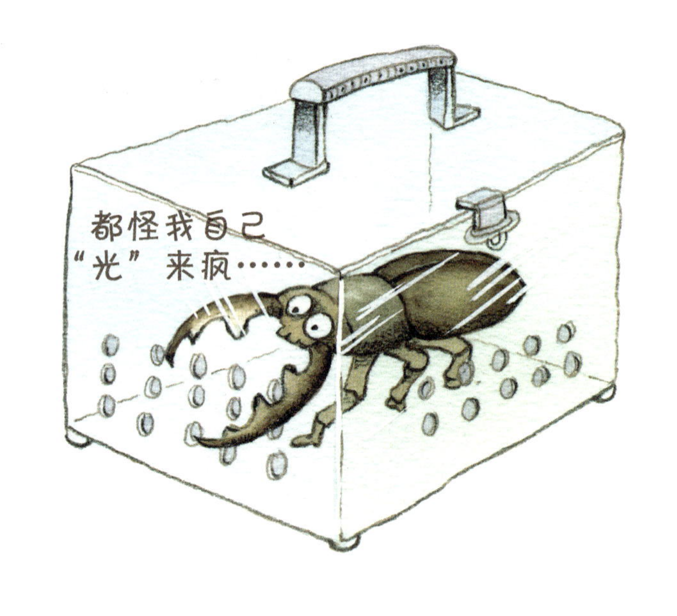

不妨到山中架设一块白布，再用手电筒照射那块白布。没过多久，蜉蝣、金龟子、蝉、蛾等就会飞过来，这时用捕虫网捉住这些昆虫后，放进采集筒里就可以了。捉昆虫时最好利用小钳子，至于蛾等翅膀脆弱的昆虫，则立刻放进玻璃瓶里。

在夜间，甚至连独角仙和锹形虫都可能捉得到，因为这些昆虫是夜行性昆虫，一到晚上，为了吸食树液而聚集在橡树上。所以如果想捉这种昆虫，先打听一下哪里橡树较多，运气好的话，一次可以捉到很多只呢！但要注意，别被昆虫咬伤了。

有些昆虫无法在晚上捕捉到。但只要白天时好好利用捕虫网，就可以捉到飞行中的蜻蜓，和停在花瓣上的昆虫。

假如发现停在高树上的天牛或象鼻虫，就迅速摇一摇那棵树。因为这种昆虫身体比较重，没办法很快飞走，所以会掉落至地面。这时你也可以观察到象鼻虫装死的行为。

如果你想捕捉水栖昆虫，就利用捉鱼的捞网或捕虫网。水草丰富的地方会有大田鳖、水螳螂、负子虫、水蚕、龙虱等栖息。利用捞网在水草周围捞一捞，就可以见到你要的水栖昆虫。

水面附近有水黾、豉虫、仰泳蝽等游来游去。这时应该利用有长把的捕虫网来捕捉。

捉到昆虫，观察完之后就放它们走吧。不要捉野生昆虫来饲养，昆虫并不是宠物。而且除非有特殊目的（例如学术研究、教学或保存完整的虫尸），不要随意制作昆虫标本，这是提早让昆虫灭绝的行为。

幸好最近有昆虫农场，进行蝴蝶、萤火虫、竹节虫、独角仙、锹形虫等各种昆虫生态栖地的培育或复育，适合学校举办校外教学或昆虫营，也可以在那里认养独角仙和锹形虫的幼虫，借此机会观察昆虫的成长过程。

观察完昆虫的成长过程之后，请把成虫放回森林里。无论我们为它们安排多好的环境，昆虫都不会觉得幸福的。让昆虫在大自然中好好传宗接代，它们一定会感激不尽。

昆虫常识问答题

各位读者在阅读本书的过程中，不知不觉就变成了昆虫博士。接下来我们利用问答题，来复习一下有关昆虫的一切吧！

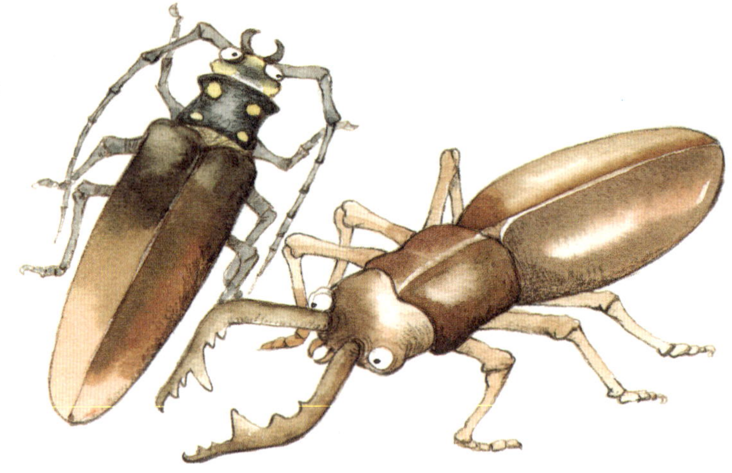

01 昆虫的祖先是谁？

02 最常发现的昆虫化石是什么？

03 昆虫的身体分成哪几部分？

04 所有昆虫都有两双翅膀。（○ ×）

05 昆虫属于节肢动物。（○ ×）

06 被称为活化石的昆虫是什么？

07 巨脉蜻蜓类似现在的哪种昆虫？

08 金龟子是比虻更进化的昆虫。（○ ×）

09 棍状翅是苍蝇退化的翅膀。（○ ×）

10 昆虫的身体以 ________ 代替骨骼。

11 身体形状像竹子一样长长的昆虫是 ________ 。

12 蚂蚁是蜂类的祖先。（○ ×）

13 全世界的昆虫约有 95 万种。（○ ×）

14 甲虫类属于鞘翅目。（○ ×）

15 昆虫因为能成功适应环境，所以繁殖的后代最多样化。（○ ×）

16 蝉栖息在草地上。（○ ×）

17 螳螂是肉食昆虫。（○ ×）

18 会潜水又会飞的甲虫是 ________ 。

19 蚊子和跳蚤以什么为主食？

20 每种昆虫会选择不同的食物，是为了什么？

21 自然界中专门捕食或危害另一种生物的叫做什么？

22 会吃牛粪的粪金龟是草食昆虫。（○ ×）

23 小时栖息在水中，长大后会飞上天的昆虫是 ________ 。

24 蝉的幼虫叫做 ________ 。

25 草食和肉食都会吃的昆虫叫做 ________ 。

26 所有昆虫都会蜕变。（○ ×）

27 经历成蛹过程的昆虫会 ________ 。

28 妈妈和宝宝长得像的蝗虫不会经历 ________ 过程。

29 昆虫的幼虫和宝宝每次蜕皮后会长一龄。（○×）

30 为什么昆虫会利用保护色来伪装身体？

31 象鼻虫装死的行为叫做 ＿＿＿＿＿ 。

32 本书中以锯齿般下颚为武器的是什么昆虫？

33 昆虫之间以气味沟通，那种气味称为什么？

34 雌蝉会大声鸣叫。（○×）

35 以腹节部分发光来寻找配偶的是什么昆虫？

36 昆虫以什么感觉器官来侦测天气状态？

37 触角呈羽毛状的昆虫是 ＿＿＿＿＿ 。

38 昆虫除了具有复眼外，还有三个 ＿＿＿＿＿ 。

39 益虫或害虫是由谁认定的？

40 饲养蚕蛾之事简称为 ____________ 。

41 从蚕茧抽丝纺纱织成的布叫做 ____________ 。

42 丝绸之路的另一名称是 ____________ 。

43 为我们捕捉害虫的是哪种蜂？

44 昆虫变成人类的宿敌始于人类开始耕作之后。（○ ×）

45 稻飞虱是损害 ____________ 的昆虫。

46 有位学者曾把昆虫看做未来的粮食，这位学者是谁？

47 蚊子幼虫叫做 ____________ 。

48 疟蚊所引发的传染病是什么？

49 会把吃下的食物吐出来的家中害虫是 ____________ 。

50 黑夜时在流理台底下活动的昆虫是 ________ 。

51 蛆是谁的幼虫？

52 背着卵照顾的是哪种昆虫？

53 龙虱是水中清道夫。（○×）

54 有种昆虫会像火箭一样用尾巴喷水来快速移动，它的宝宝是 ________ 。

55 躲在沙地底下的蚁蛉宝宝又称为什么？

56 雄蝉的腹部具有共鸣室。（○×）

57 幼虫长出翅膀而变为成虫的过程叫做 ________ 。

58 利用橡树叶卷起来照顾宝宝的是哪种昆虫？

59 过群体社会生活的昆虫包括 ________ 和 ________ 。

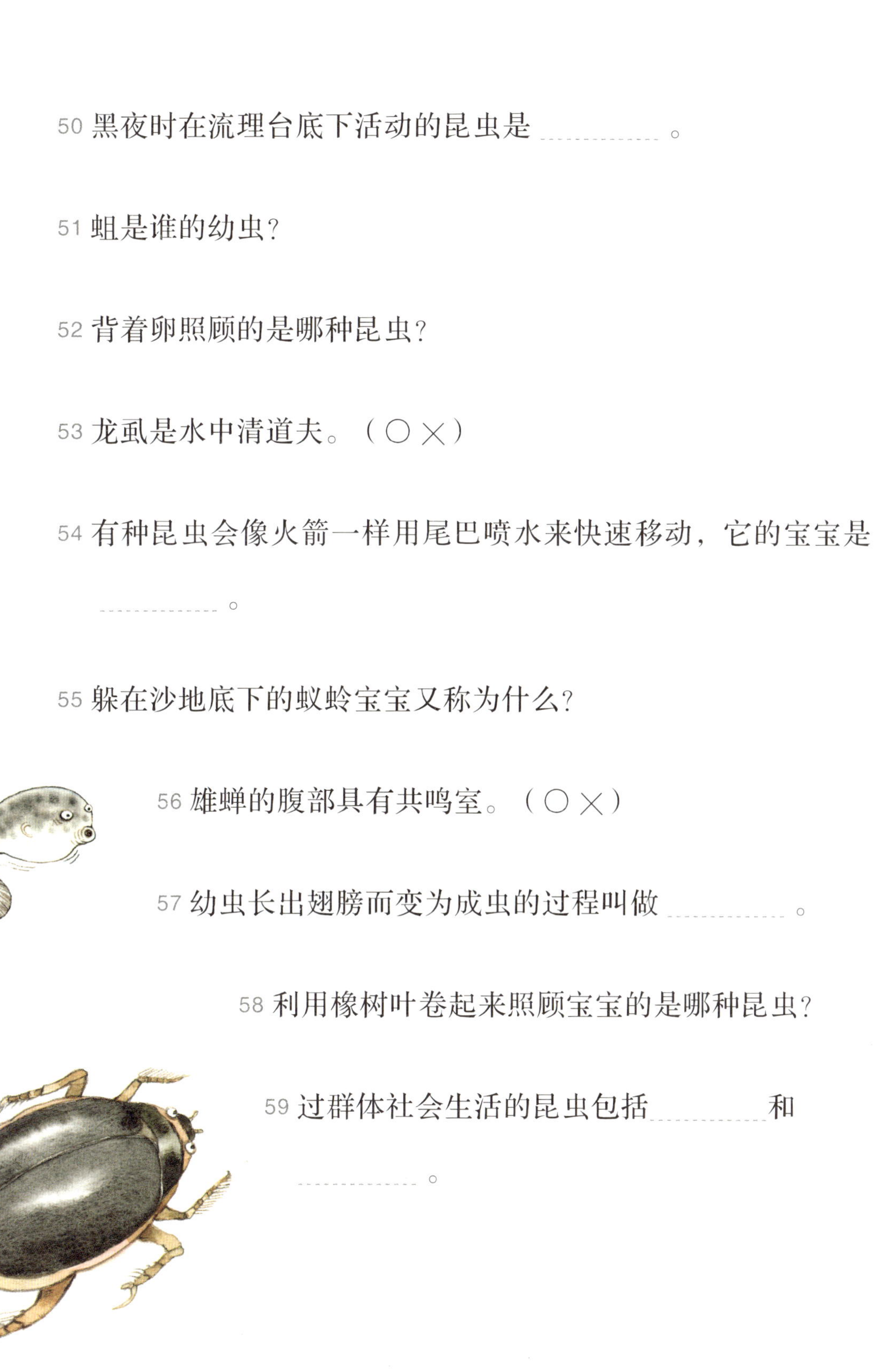

60 蜂后终生做哪些事情？

61 蜂后从小接受工蜂供应的特殊食物是______。

62 工蜂用______筑成六方形蜂巢。

63 所有工蜂都是雄性。（○ ×）

64 用泥土筑造壶状蜂巢的是______。

65 所有蚂蚁都有翅膀。（○ ×）

66 将日本山蚁当成奴隶的蚂蚁是______。

67 切叶蚁会栽培______来吃。

68 蜂和蚁都具有为同胞储存食物的______。

69 昆虫界的跳高冠军是蝗虫。（○ ×）

70 水黾在水上活动也不会溺水。（○ ×）

71 世界上最厉害的长途飞行昆虫是 ________ 。

72 为什么昆虫要产下很多卵？

73 生物和非生物和谐共存的环境叫做 ________ 。

74 在大自然环境中担任生产者角色的是什么？

75 昆虫之间不断的吃和被吃的关系叫做 ________ 。

76 中国濒临灭绝的昆虫有哪些？

77 粪金龟濒临灭绝的最大原因是什么？

78 假如昆虫消失， ________ 也无法生存。

答案

01 单尾目 | 02 琥珀 | 03 头、胸、腹 | 04 × | 05 ○ | 06 蟑螂 | 07 蜻蜓 | 08 × | 09 ○ | 10 几丁质 | 11 竹节虫 | 12 × | 13 ○ | 14 ○ | 15 ○ | 16 × | 17 ○ | 18 龙虱 | 19 血液 | 20 为了避开食物竞争 | 21 天敌 | 22 ○ | 23 蜻蜓 | 24 若虫 | 25 杂食昆虫 | 26 ○ | 27 完全变态 | 28 成蛹 | 29 ○ | 30 为了避开天敌的视线 | 31 拟态 | 32 锹形虫 | 33 费洛蒙 | 34 × | 35 萤火虫 | 36 触角 | 37 蛾 | 38 单眼 | 39 人 | 40 养蚕 | 41 丝绸 | 42 丝路 | 43 狩猎蜂和寄生蜂 | 44 ○ | 45 稻穗 | 46 法布尔 | 47 孑孓 | 48 疟疾 | 49 苍蝇 | 50 蟑螂 | 51 苍蝇 | 52 负子虫 | 53 ○ | 54 水虿 | 55 蚁狮 | 56 ○ | 57 羽化 | 58 栗卷叶象鼻虫 | 59 蜂、蚁 | 60 产卵 | 61 蜂王浆 | 62 蜂蜡 | 63 × | 64 泥壶蜂 | 65 × | 66 悍蚁 | 67 真菌 | 68 公共胃 | 69 × | 70 ○ | 71 帝王斑蝶 | 72 为了大量繁殖子孙 | 73 生态圈 | 74 植物 | 75 食物链 | 76 中华蛩蠊、金斑喙凤蝶、中华缺翅虫等 | 77 食物问题 | 78 人类

昆虫相关名词解说

堆积层：泥沙、砾石或黏土像蛋糕一样层层堆积而成的地质层。

几丁质：构成昆虫外壳的物质。

进化：生物的某个功能经过很长的时间而逐渐发达。

退化：生物不使用原本具有的功能，使得该功能改变或逐渐消失。

化石：古代的动植物被压在岩层里而保存下来的痕迹。

寄生：黏附在别种生物上夺取其养分来生存。

遗传基因：生物所具有的固有染色体。

繁殖：生物为延续种族所进行的产生后代的生理过程。

羽化：破蛹而出的昆虫展翅成为成虫。

天敌：专门捕食或危害另一种生物的物种。

紫外线：波长比可见光短，比 X 射线长，用人的肉眼看不到的光线。

疟疾：蚊子将疟原虫注入人体内而引发的疾病。

表面张力：液体缩小液面面积的物理效应。

灭绝：生物的传宗接代完全断绝。

光合作用：将光能转变为化学能，储存成养分。

标本：以研究或教育为目的而采集生物，并加工处理使它不腐败后妥善保存。

索引